AF730957

Sitzungsberichte
der Akademie der Wissenschaften
der DDR
Mathematik – Naturwissenschaften – Technik

16 N

1978

Franz-H. Lange

Strategien der Störfestigkeit in der Informationstechnik

AKADEMIE-VERLAG · BERLIN

Sitzungsberichte
der Akademie der Wissenschaften
der DDR
Mathematik — Naturwissenschaften — Technik

Jahrgang 1978 · Nr. 16/N

Franz-H. Lange

Strategien der Störfestigkeit in der Informationstechnik

AKADEMIE-VERLAG · BERLIN
1978

Vortrag von Franz-H. Lange,
Korrespondierendes Mitglied der
Akademie der Wissenschaften der DDR,
vor der Klasse Physik am 1. 12. 1977

Herausgegeben im Auftrage
des Präsidenten der Akademie
der Wissenschaften der DDR
von Vizepräsident Prof. Dr. Heinrich Scheel

Erschienen im Akademie-Verlag, 108 Berlin, Leipziger Straße 3–4
© Akademie-Verlag Berlin 1978
Lizenznummer: 202 · 100/233/78
Gesamtherstellung: VEB Druckhaus Köthen
Bestellnummer: 762 695 9 (2010/78/16/N) · LSV 3225
Printed in GDR
DDR 4,50 M

Inhalt

1. Vorüberlegungen aus technischer Sicht

1.1. Zuverlässigkeit und Störfestigkeit

In der Informationstechnik hat man zu unterscheiden:

1. *Irreversible* Ausfälle eines Informationssystems, die vorwiegend durch innere Faktoren verursacht werden (Alterung, Korrosion, mangelhafte mechanische Festigkeit). Dabei ergibt sich die Frage nach der wahrscheinlichen Lebensdauer des Systems, die von der *Zuverlässigkeits*theorie behandelt wird. Abhilfe wird vorwiegend durch technologische Maßnahmen erreicht, ferner durch den Einbau von Reserven. Die Physik-Elektronik hat an den erzielten Erfolgen der Schaltungsintegration einen großen Anteil.
2. *Reversible* Ausfälle eines Informations-Systems, die vorwiegend durch Störsignale verursacht werden, so daß nach Verschwinden der Störung das System wieder betriebsfähig ist. Mit dieser Frage beschäftigt sich die Theorie der *Störfestigkeit.* Abhilfe wird vorwiegend durch die Auswahl der Schaltungsstruktur auf der Basis der Signal- und Systemtheorie erreicht.

Weder die eine noch die andere Theorie und Technik liefert die optimale Gesamtlösung. Zuverlässigkeit und Störfestigkeit im oben definierten Sinne wird nur durch eine Kombination von technologischen und von schaltungsmethodischen Maßnahmen erzielt. Es ist aber eine getrennte Betrachtungsweise möglich.

Daher ist die vorliegende Betrachtung dem zweiten Problem, der Störfestigkeit allein, gewidmet.

1.2. Potentielle und effektive Störfestigkeit

Der Begriff der potentiellen Störfestigkeit stammt von W. A. Kotelnikov, der 1947 hierüber seine Doktor-Dissertation vorlegte, die jedoch erst 1956 in Buchform veröffentlicht wurde und so erst fast ein Jahrzehnt nach der bekannten Arbeit von Shannon über die Informationstheorie bekannt wurde.

Beide für die moderne Informationstechnik grundlegenden Arbeiten entwickelten — inhaltlich verschieden — die statistische Betrachtungsweise von Informationsprozessen. Kotelnikov verstand unter der *potentiellen* Störfestigkeit die mögliche, maximal erreichbare Störfestigkeit, die im wesentlichen durch die Eigenschaften des Nutz- und des Störsignals vorgegeben ist. Ob sie tatsächlich erreicht wird, hängt von den Maßnahmen ab, die getroffen werden, um beide Signale voneinander zu trennen, also z. B. von der Güte des Filters. Dies ist dann die *effektive* Störfestigkeit des Systems.

Die potentielle Störfestigkeit läßt sich nur an Hand der *a-priori-Kenntnisse* über Nutz- und Störsignal berechnen, unter Einführung eines zweckentsprechenden Gütemaßes. Das Gütemaß wird aus dem Signalabstand in einem passenden Signalraum abgeleitet, wobei die Funktionalanalysis die mathematischen Grundlagen anbietet.

Vom technischen Standpunkt aus sind mindestens drei Signaltypen zu unterscheiden:

(I) Frequenzselektive Signale (harmonische Schwingungen, Schmalband-Signale)
(II) Zeitselektive Signale (Impulse, kurzzeitig auftretende Breitband-Signale)
(III) Rauschähnliche Signale (langzeitig auftretende Breitband-Signale in Form von GAUSS-Prozessen mit Normalverteilung u. a.)

Diese drei Typen können als Nutz- oder als Störsignale auftreten, was allein schon $3^2 = 9$ Kombinationen ergibt.

Anderseits genügt diese Dreiteilung im wesentlichen schon, um aus diesen Vorkenntnissen Entscheidungen über die Auswahl von Methoden zur Erhöhung der Störfestigkeit zu fällen. Sie liefert vor allem eine Begründung für die historische Entwicklung der Informationstechnik, wie nachfolgend an verschiedenen Stellen gezeigt wird. Für die Bestimmung der potentiellen Störfestigkeit sind allerdings noch genauere, quantitative Angaben über die Signaleigenschaften notwendig.

1.3. *A priori- und a posteriori-Maßnahmen*

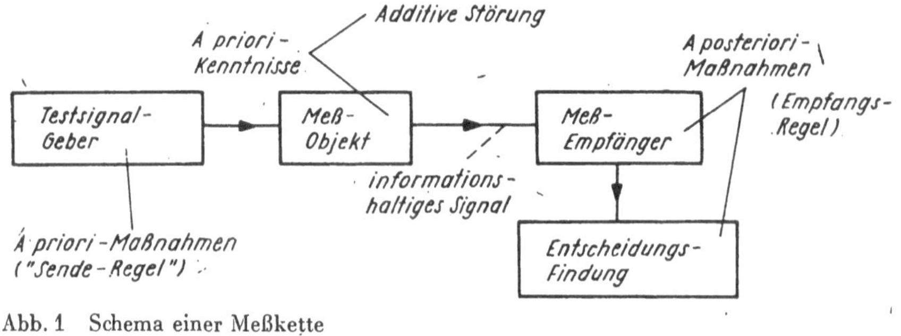

Abb. 1 Schema einer Meßkette

Zum Erreichen einer ausreichenden Störsicherheit müssen beim Struktur-Entwurf des informationsverarbeitenden Systems gewisse Maßnahmen festgelegt werden.

Sie dienen zwei verschiedenen Zwecken:

(a) zur Vergrößerung der potentiellen Störfestigkeit durch eine Signalwandlung, ehe eine Umwandlung in die effektive Störfestigkeit durch Filterung u. a. erfolgt, und

(b) zur Überführung der potentiellen Störfestigkeit in eine effektive Störfestigkeit.

Wir können (a) als a priori-Maßnahme bezeichnen, da sie auf der Sende- oder Geberseite vorgenommen wird. J. Seidler nennt dies die „Sende-Regel". Die wichtigsten und bekanntesten Methoden sind die Kodierung und die Modulation des Nutzsignals. Hierdurch wird die potentielle Störfestigkeit erhöht. Daher wird hier der Begriff der *induzierten potentiellen* Störfestigkeit vorgeschlagen.

Wir können ferner (b) als a posteriori-Maßnahme bezeichnen, da sie meist auf der Empfangsseite vorgenommen wird. J. Seidler nennt dies die „Empfangs-Regel".

Wir haben damit zu unterscheiden:
Methoden unter Ausnutzung der natürlich vorgegebenen Störfestigkeit und
Methoden unter Ausnutzung der induzierten (künstlich erzeugten) Störfestigkeit.

Davon soll in Teil 1 Gebrauch gemacht werden.

Diese eigentliche Ausnutzung einer potentiellen Störfestigkeit und Umwandlung in eine effektive Störfestigkeit geschieht auf der Empfangsseite durch die oben benannten a posteriori-Maßnahmen. Dies ist das allgemeine Filterproblem, das wesentlich mehr umfaßt als nur die in der Nachrichtentechnik gebräuchlichen spektralen Filter.

Unter Filterung oder Signalselektion wird jede Art von Signaltrennung verstanden, um entweder das Nutzsignal vom Störsignal zu trennen oder um einen prozeßrelevanten Nutzsignal-Anteil von anderen, prozeß-irrelevanten Anteilen zu trennen.

Dies ist dann und nur dann möglich, wenn sich die zu trennenden Signalkomponenten in irgend einer Weise unterscheiden. Dies ist die wesentliche Voraussetzung für jede Methode der Störabstandsverbesserung. Sie beruht auf den a priori-Kenntnissen der Signaleigenschaften.

1.4. Die Strategie der Informations-Reduktion

Die oben erwähnte Trennung der prozeßrelevanten Komponenten von den prozeßirrelevanten Komponenten erweitert den Aufgabenbereich der klassischen Nachrichtentechnik.

Die klassische Nachrichtentechnik beschäftigt sich mit der *Informationsübertragung.* Sie fordert ein Minimum an Signalverzerrungen als Optimierungs-Kriterium. Es darf möglichst kein Informationsverlust erfolgen.

Die Meßtechnik sowie die Regelungstechnik benötigt Methoden *zur Informationsverarbeitung.* Hier sind Signalverzerrungen zugelassen und es erfolgt eine Bildung von Kenngrößen unter Informationsreduktion. Ein Informationsverlust ist meistens sogar dringend erwünscht, da der eintreffende Informationsfluß bei der Prozeßkontrolle oder Prozeßidentifizierung zu groß ist. Wir sprechen deshalb auch nicht mehr vom Informationsverlust, sondern von der Informationsreduktion, die optimiert werden muß.

Für die Bedürfnisse der gesamten Informationstechnik erscheint demnach folgende Methoden-Einteilung als Hauptgliederung für zweckmäßig:
1. Methoden zur Störabstandsverbesserung *ohne* Informationsreduktion
2. Methoden zur Störabstandsverbesserung *mit* Informationsreduktion.
Diesem Prinzip sind die nachfolgenden Betrachtungen angepaßt.

1.5. Der Begriff des Verbundsystems

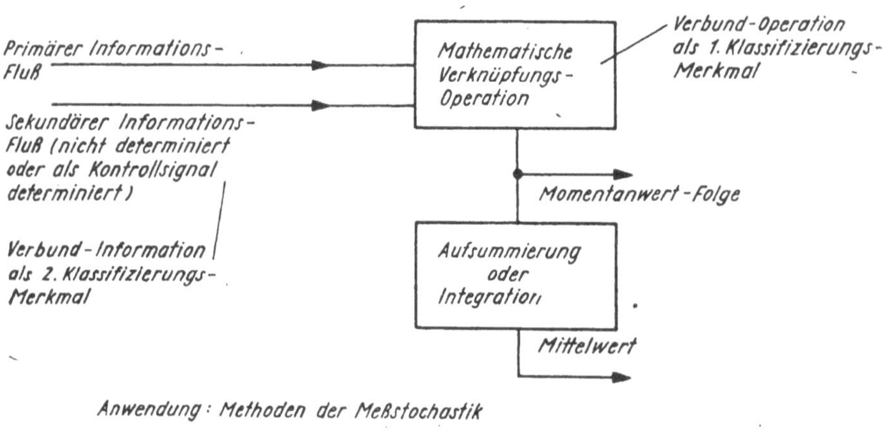

Abb. 2 Schema eines Verbundsystems als elementares informationsverarbeitendes System

In allen methodischen Varianten tritt die Frage auf, welche Maßnahme signaltheoretischer Art getroffen werden soll. Sieht man von einigen rein konstruktiven Maßnahmen ab (vgl. hierzu Punkt 2.1.1.), so kann man hier fast alle Maßnahmen durch ein einziges Schema erfassen, das als „Verbund-System" bezeichnet werden soll. Es stellt eine Art black-box-Schema dar, jedoch mit zwei Eingängen:
1. Eingang für den primären Informationsfluß und
2. Eingang für den sekundären Informationsfluß (nicht determiniert) oder für ein Kontrollsignal oder für eine Systemfunktion (determiniert). Wir bezeichnen das Signal für den 2. Eingang als „Verbund-Information" oder als „Verknüpfungs-Information".

Dem Verbund-System selbst ordnen wir keine Struktur zu, sondern nur eine mathematische „Verbund-Operation", auch als „Verknüpfungs-Operation" zu bezeichnen.

Damit kann man einheitlich alle a priori- oder a posteriori-Maßnahmen beschreiben, indem man einfach die verwendete Verknüpfungs-Information und die verwendete Verknüpfungs-Operation angibt. Dies erleichtert sehr die Klassifikation aller durchführbaren Signalwandlungen zur Erhöhung der Störfestigkeit auf der Sende- und auf der Empfangsseite. Dies erleichtert auch eine einheitliche Behandlung der analogen und der digitalen (= diskreten) Methoden und entspricht der Durchführung von Signaltransformationen mittels Computer.

Tabelle 1
Zur Klassifizierung der Verbund-Systeme aus technischer Sicht
(1) nach der Verknüpfungs-Operation:

multiplikativ:	Faltungs-Produkt Werte-Produkt Polynom-Produkt (Restklassen-Algebra) Matrizen-Produkt Logische Verknüpfung	ergibt eine Momentanwert-Folge
additiv:	algebr. Addition (unbegrenzt) Restklassen-Addition (begrenzt, zyklisch) Addition modulo 2 (= Antivalenz)	ergibt Mittelwerte

(2) nach der Verknüpfungs-Operation:

mit determinierten Signalen:	als Standard-Signale: harmon. Schwingungen, Walshfunktionen u. a. (Signalanalyse) als Test-Signale: kodierte Zeichen, Polynome, Matrizen
mit nicht-determinierten Signalen (= Prozessen):	als zeitverschobener eigener Prozeß (Autokorrelationsanalyse) als zeitverschobener fremder Prozeß (Kreuzkorrelationsanalyse)

Anwendungen: Signalwandlung in der Informationstechnik

Man beachte dabei, daß die gleiche Signalwandlung zu unterschiedlichen Verbundsystem führt, je nachdem, welchen Signalraum man für die Berechnung wählt. So wird durch ein lineares Netzwerk im Zeitbereich das Eingangssignal als Zeitfunktion mit der Gewichtfunktion (= Stoßreaktion) durch eine Faltungsoperation verknüpft, dagegen wird im Spektralbereich das Eingangs-Signal-Spektrum mit dem Frequenzgang durch eine algebraische Multiplikation verknüpft, obwohl die Struktur (die Schaltung) des Netzwerkes die gleiche bleibt.

Führt man das lineare Netzwerk als diskretes System aus, so ist das diskrete Faltungsprodukt identisch mit einem Polynom-Produkt, wobei die Polynomkoeffizienten durch die Abtastwerte gegeben sind (= D-Transformation).

2. Methoden zur Erhöhung der Störfestigkeit ohne Informations-Reduktion

2.1. Methoden unter Ausnutzung der natürlich vorgegebenen potentiellen Störfestigkeit

Es gibt vier Signalräume für diejenigen Signaleigenschaften, die für eine Signalselektion ausgenutzt werden können:

2.1.1. Örtliche Selektion

Örtliche Selektion unter Ausnutzung von räumlichen Unterschieden von Nutz- und Störsignal. (Dies sind die alt bekannten Methoden der Nachrichten- u. Meßtechnik.):

2.1.1.1. Geeignete räumliche Aufstellung der Meßapparatur, z. B. einer Empfangsantenne oder eines Meßwandlers außerhalb des örtlichen Störnebels.

2.1.1.2. Abschirmung der Störquellen-Einwirkung durch konstruktive Maßnahmen. Hierzu gehört auch die Gegentakt-Anordnung, das Koaxialkabel und der Faradaykäfig.

2.1.1.3. Strahlbündelung bei Richtfunkstrecken, allgemein Wahl eines räumlich isolierten Informationskanals, gewöhnlich kombiniert mit der Modulation (1.2.1.).

2.1.1.4. Separate Aufnahme und Messung des Störsignals zwecks Störgrößen-Kompensation oder Störgrößen-Aufschaltung für adaptive Systeme.

2.1.2. Selektion im Zeitbereich

Hierzu gehört u. a.:

2.1.2.1. Wahl eines geeigneten Meßzeitpunktes, z. B. nachts, um eine Störeinwirkung zu vermeiden, einfach, aber wirkungsvoll.

2.1.2.2. Wahl von gegenseitig abgestimmten Sendezeiten, z. B. von Navigationsbaken.

2.1.2.3. Anwendung der Zeitstaffelung (Zeit-Multiplex) zur störungsfreien Mehrfachübertragung, kombiniert mit 2.2.1.

2.1.3. Selektion im Frequenzbereich oder im Sequenzbereich

Wenn die Signale sich in verschiedenen Frequenz- oder Sequenzbereichen (im Sinne der Fourier- oder der Walshanalyse) befinden, ist der Frequenz- oder der Sequenzabstand eine Form eines Signalabstandes, der die potentielle Störfestigkeit charakterisiert. Aber erst durch geeignete Filter wird diese zu einer effektiven Störfestigkeit, abhängig von der Güte des Filters!

Man benutzt vorwiegend entweder die Bandpaßtechnik (Rundfunk!) oder die Tiefpaßtechnik. Letztere hat für den hier behandelten Problemkreis sehr große Bedeutung und taucht in verschiedenen Varianten auf, z. B. in der „Meßstatik" bei der Messung von stark verrauschten zeitkonstanten und determinierten Meßgrößen: das Störrauschen wird ein Tiefpaß extrem kleiner Grenzfrequenz oder extrem großer Integrationszeit erheblich reduziert. Derart kleine Bandbreiten (von z. B. 10^{-3} Hz) lassen sich mit Bandfiltern nicht herstellen. Man nennt dies auch Tiefpaß-Umsetzung, d. h. eine Frequenzumsetzung auf die Frequenz Null mittels der sogenannten Synchrodyngleichrichtung (vgl. Abschnitt 3.1.1.).

In den drei bisher genannten Fällen befindet sich das Nutz- und das Störsignal entweder örtlich zeitgleich oder spektral in einem gewissen Abstand von einander, als Vorbedingung für eine Selektions-Möglichkeit. Wenn kein derartiger Unterschied vorhanden ist, bleibt noch eine vierte Möglichkeit, die statistische Selektion.

2.1.4. Statistische Selektion

Die Signalselektion auf Grund eines Unterschiedes in den statischen Eigenschaften spielt in der „Meßstochastik" eine Hauptrolle. Doch ist sie im allgemeinen mit einer Informations-Reduktion verbunden (Abschn. 3), und zwar wenn bei ergodischen Prozessen die statistische Mittelwertbildung durch eine zeitliche Mittelwertbildung ersetzt wird (Fall der Funktionalbildung). Eine Ausnahme bildet das sogenannte „Average-Verfahren" mit Hilfe eines „box-car-integrator". Es dient in der „Meßdynamik" zur Registrierung von determinierten, aber zeitvariablen Vorgängen, z. B. in der Elektromedizin. In diesem Fall muß der verrauschte Testvorgang n mal unter gleichen Umständen und Auswirkungen wiederholt werden, z. B. durch Auslösung eines akustischen oder eines optischen Reizes auf einen Rezeptor (Hörorgan oder Sehorgan). Der Gewinn am Leistungs-Störabstand beträgt dann n mal als optimaler Grenzfall, indem sich die Prozeßamplituden als voll korreliert addieren, während sich die unkorrelierten Störleistungen und nicht die Störamplituden im statist. Mittel addieren ($n^2/n = n$). Anwendung findet dies z. B. zur Entdeckung von evozierten Potentialen im biologischen Eigenrauschen der Nervenbahnen für die objektive Audiometrie oder Ophtalmologie.

2.2. Methoden mit induzierter Störfestigkeit

Unter der induzierten Störfestigkeit soll eine künstliche Erhöhung der potentiellen Störfestigkeit durch Signalwandlung verstanden werden. Hierzu gehört das Prinzip der Modulation und der Kodierung. Diese klassischen Methoden sollen hier vorzugsweise unter dem Gesichtspunkt der in ihren realisierten Strategien zur Erhöhung der Störfestigkeit betrachtet werden. Für die Auswahl ist hier wieder die a priori-Kenntnis der Signaleigenschaften maßgebend, eine bisweilen übersehene Tatsache.

2.2.1. Modulations-Methoden

2.2.1.1. Amplituden-Modulation:

Die Amplitudenmodulation wurde ursprünglich aus energetischen Gründen eingeführt, um den Strahlungswiderstand zu erhöhen. Dies geschieht in Form einer Frequenzbandverschiebung um die gewählte Trägerfrequenz. Da keine weitere Änderung des Spektrums des Nutzsignals vorgenommen wird, spricht man hier auch von einer linearen Modulation. Eine Erhöhung der Störfestigkeit kann am

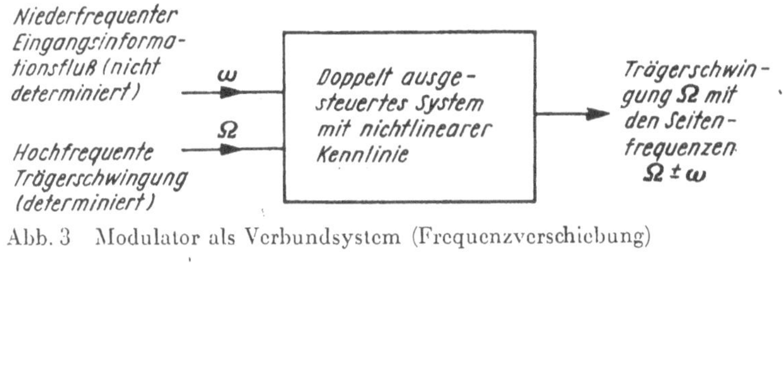

Abb. 3 Modulator als Verbundsystem (Frequenzverschiebung)

einfachsten durch eine Erhöhung der Trägerleistung vorgenommen werden; dies stößt aber schließlich auf technische oder auf ökonomische Schranken. Besonders in der Meßtechnik ist man daran interessiert, die Testsignalleistung so gering wie möglich zu halten, um das Meßobjekt möglichst wenig zu beeinflussen. Die Störfestigkeit wird wesentlich erhöht, indem man die Frequenzbandverschiebung in ein ungestörtes Frequenzband vornimmt. Dies erklärt bis heute die Bedeutung des Höchstfrequenzbereiches, neben anderen Vorteilen (leichte Bündelungsfähigkeit, Bandbreite-Reserve, begrenzte Reichweite über dem Erdboden).

Aber die Amplitudenmodulation eignet sich nicht, um die Vorzüge des Höchstfrequenzgebietes voll auszunutzen. Sie hat nicht nur einen geringen Wirkungsgrad, sondern auch ihre potentielle Störfestigkeit gegenüber überlagerten Störsignalen ist gering, da diese eine parasitäre Amplitudenmodulation bewirken.

Diese parasitäre Störmodulation läßt sich durch den Übergang zu anderen Modulationsarten erheblich verringern. Die potentielle Störfestigkeit ist, wie schon Kotelnikov darstellte, der Kernpunkt für die Modulationstechnik, und sie ist ausschlaggebend für die Auswahl des geeigneten Modulationsverfahrens. Derartige Überlegungen sind — außer für die Lehre — in der standardisierten Nachrichtentechnik nicht mehr notwendig, da die Entwicklung der Modulationstechnik ihren Abschluß gefunden hat, wohl aber sind sie noch von Wert, wenn nachrichtentechnische Verfahren in die Meßtechnik übernommen werden. Hier muß stets geprüft werden, ob die gleichen Randbedingungen vorliegen.

2.2.1.2. Frequenzmodulation und Phasenmodulation:

Man hat zwei Möglichkeiten, die potentielle Störfestigkeit für die Informationsübertragung zu erhöhen:

a) durch Auswahl eines geeigneteren Signalparameters zur Aussteuerung durch den primären Informationsfluß und

b) durch Auswahl einer geeigneteren Signalform des Trägers des Informationsflusses.

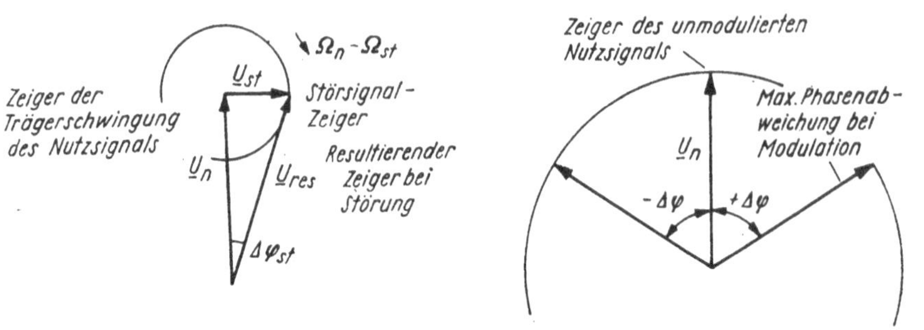

Abb. 4 Frequenz- und Phasenmodulator als Verbundsystem: erhöhte Störfestigkeit durch Frequenzbandverschiebung und vergrößerte Aussteuerbarkeit
a) Ungünstige Momentanlage des Störsignalanzeigers, max. Störphasenhub $\Delta\varphi_{st}$
b) Zur Definition des Nutz-Phasenschubes $\Delta\varphi = \Delta\Omega/\omega$

Beide Wege hat man konsequent verfolgt, um die Amplitudenmodulation durch günstigere Modulationsverfahren zu ersetzen.

Die von ARMSTRONG 1936 erfundene Frequenz- und Phasenmodulation wählt den Nutzphasenhub $\Delta\varphi_n = \Delta\Omega/\omega$ als Aussteuerungs-Parameter (mit $\Delta\Omega$ als Frequenzhub des Trägers und ω als niederfrequente Modulation).

Bei einer Trägeramplitude von U_n und einer zufälligen Störamplitude von U_{st} beträgt für kleine Störungen der Störphasenhub: $\Delta\varphi_{st} \approx U_{st}/U_n$ und ein Maß für die potentielle Störfestigkeit bei FM ist:

$$\beta_{FM} = \Delta\varphi_n/\Delta\varphi_{st}$$

Anderseits gilt für die AM im ungünstigsten Fall:

$$\beta_{AM} = U_n/U_{st} = (\Delta\varphi_{st})^{-1}$$

(falls die Störzeigergröße U_n sich zufällig mit dem Träger in gleicher Phasenlage befindet, während bei FM 90° Phasenverschiebung zwischen U_n und U_{st} den „worse case" darstellt).

Also beträgt das Verhältnis $\beta_{FM}/\beta_{AM} = \Delta\varphi_n$.

Es kommt also darauf an, den Nutzphasenhub so groß wie möglich zu machen, bei FM durch einen möglichst großen Trägerfrequenzhub und möglichst kleinen Störfrequenz. Je größer die Störfrequenz ist, desto geringer ist die Störfestigkeit der NF $\omega = \omega_{st}$ als Bezugsfrequenz.

Bei der Phasenmodulation wird der Parameter $\Delta\varphi$ direkt ausgesteuert als Maß der Meßamplitude, und die Störfestigkeit ist unabhängig von der Modulationsfrequenz. In beiden Fällen wird bei großem Nutzphasenhub (= Modulationsindex) eine entsprechend größere Bandbreite benötigt, da die höheren Seitenfrequenz-Amplituden proportional zu $J_n(\Delta\varphi)$ sind, (J_n = BESSEL-Funktion n-ter Ordnung) und diese mit wachsendem Argument $\Delta\varphi$ stärker hervortreten. Durch Wahl einer Trägerfrequenz im Höchstfrequenzbereich hat man die Möglichkeit, einen größeren Aufwand an Bandbreite zu treiben (z. B. 75 000 Hz bei UKW).

Damit liefert die Phasen- und Frequenzmodulation ein Beispiel für die Austauschbarkeit von Bandbreite und Störabstand bei gleicher Kanalkapazität $C = B\,\mathrm{ld}(1 + P_n/P_{st})$ in bit/s.

Dies gilt aber nur unter der Randbedingung, daß B und P_n/P_{st} Eingangs-Kenngrößen sind. Wenn dagegen der nachfolgende Kanal selbst Rauschstörungen induziert, dann bricht die potentielle Störfestigkeit zusammen. Das kann man in zweifacher Weise interpretieren: a) Bei FM ist die Information allein in der Nulldurchgangsverteilung (zero crossings) enthalten. Sie geht weitgehend verloren, wenn überlagerte Rauschstörungen sie verändern, während eine parasitäre Amplituden-Modulation durch additives Rauschen durch eine Amplitudenbegrenzung völlig beseitigt werden kann, ohne daß ein Informationsverlust eintrittt. Daher versagt die FM an der Rauschschwelle. b) Der Eingangsrauschabstand verringert sich im verrauschten Empfangskanal infolge der vergrößerten Bandbreite, der der neu aufgenommenen Rauschleistung proportional ist.

Die Interpretation (b) gibt einen Hinweis, wie der Eingangs-Störabstand wieder hergestellt werden kann: durch eine Bandbreiten-Reduktion auf das Basisband (NF). Die Lösung ergab sich durch eine „a posteriori-Maßnahme", das sogenannte Phasenkopplungs-System („phase locked loop"), das an Stelle des klassischen FM-Demodulators (Riggerkreis oder Ratiodetektor) benutzt wird. Das PLL-Verfahren benutzt einen 2. Oscillator als Überlagerer, dessen Frequenz im Takte der Frequenzmodulation der Trägerschwingung nachgeregelt wird (VCO = Voltage controlled oscillator). Hierzu wird die Frequenz-Nachregelspannung durch einen Phasendetektor über einen frequenzbegrenzenden Tiefpaß erzeugt. Da bei jeder Rückwärtsregelung ein zur Aussteuerung notwendiger Restfehler verbleibt, ist die Regelspannung dem Frequenzhub des empfangenen Trägersignals proportional. Daher stellt sie zugleich die demodulierte und rauschbegrenzte NF-Spannung dar.

Man erkennt hieraus, daß die Wirksamkeit jeder Methode zur Verbesserung der Störfestigkeit vom Störsignal-Typ und der Lage der Störquelle abhängig ist.

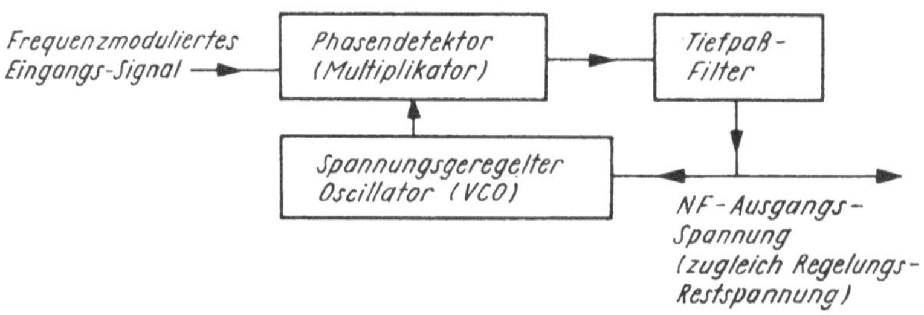

Abb. 5 Phasenregelung als Verbundsystem zur FM-Demodulation mit Bandbreitenreduktion an der Rauschquelle (phase-locked loop-PLL)

2.2.1.3. Pulsmodulation:

Die nächste Entwicklungsetappe der Nachrichtentechnik brachte den Übergang zu Impulsfolgen („Pulsen") als Signalträger. Der Gewinn an Störfestigkeit wurde vor allem im Höchstfrequenzgebiet erzielt, wo kaum zeitdiskrete Störungen (Typ II) auftreten, sondern im wesentlichen nur schwache Rauschstörungen durch das Eigenrauschen der Verstärker. Pulse sind als Binärsignale durch Schmitt-Trigger-Schaltungen regenerierfähig, sofern man in Relaisstrecken (Punkt-zu-Punkt-Verbindungen) den Pegel nicht bis ins Rauschen absinken läßt. Dann und nur dann wird die für die Elementarimpulse große Bandbreite nicht mit entsprechend anwachsender Rauschleistung bezahlt.

Als ausgesteuerter Parameter des Trägersignals hat sich die Pulsposition (= Puls-Phase) bewährt. Anwendung fand dies vor allem in der Richtfunktechnik für Nachrichtenübertragung über große Entfernungen in strahlgebündelten Kanälen (Kombination mit 1.1.1.3.). Die Pulslängenmodulation hat sich nur bei eng begrenzten Meßproblemen bewährt (Polaritätskorrelator mit Hilfssignalaussteuerung nach Veltman und Kwakernaak).

2.2.2 Kodierungs-Verfahren

Die Puls-Phasen-Modulation ist störempfindlich gegenüber den regellosen Zeitverschiebungen („time jittering"), die von überlagertem Störrauschen verursacht werden. Eine konsequente Weiterführung des Grundgedankens der Verwendung von Binärsignalen als Informationsträger stellt die Kodierung dar.

2.2.2.1. Kodierung ohne Kodierungs-Redundanz:

Die heutzutage weitgehend eingeführte A/D-Umwandlung von analogen in digitale, speziell in binäre Informations-Flüsse bringt die gleiche Störfestigkeit wie bei 2.2.1.3. (PPM), jedoch ohne die Gefahr des Informationsverlustes durch time jittering (s. o.). Sie ist jedoch nur möglich, wenn nicht nur eine Zeitdiskretisierung durch Abtastung vorgenommen wird, sondern auch eine Amplitudendiskretisierung.

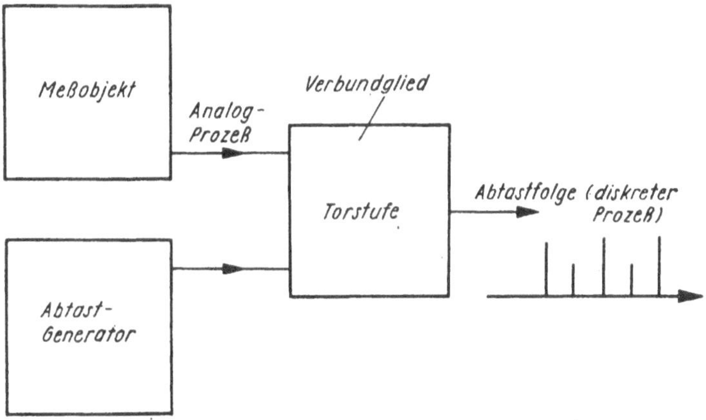

Abb. 6 Abtastung als Verbund-Operation ohne Informations-Reduktion bei frequenzbegrenzten Meßprozessen

Dies bedeutet eine Beschränkung auf streng frequenzbegrenzte Vorgänge, was einen geringfügigen Informationsverlust bedeutet und eine Begrenzung der Genauigkeit der übertragenen Meßinformationen, was ebenfalls einen gewissen Informationsverlust bedeutet. Dagegen bedeutet es keinen Informationsverlust, wenn man sich auf endliche Signalmengen beschränken kann, und dies ist praktisch in den meisten Fällen möglich. Auch hier waren Jahre praktischer Erfahrung notwendig, bis sich das Prinzip der Diskretisierung durchsetzte. In Verbindung mit der elektronischen Rechentechnik ist die Diskretisierung der Rechenverfahren heute unbedingt notwendig, da jede Computerrechnung nur in endlich vielen diskreten Schritten erfolgen kann. Sie stellt dabei an die Mathematik neue Probleme, die sich im Begriff der *diskreten Mathematik* zusammenfassen lassen.

2.2.2.2. Kodierung mit Kodierungs-Redundanz:

Die Theorie der Störfestigkeit erhielt neue Impulse, als die Binärkodierung nicht nur für die höchstfrequente Nachrichtenübertragung verwendet wurde, sondern auch unmoduliert im Basisband, das sich bei extrem kurzen Impulsen auch bis in das Höchstfrequenzgebiet erstreckt (d. h. bei Nano-Sekunden-Impulsen bis in das GHz-Gebiet!), und als die Rechenelektronik und die Datenfernübertragung an die Fehlerfreiheit extrem hohe Anforderungen stellte. HAMMING hat Anfang der 50er Jahre das Prinzip der Fehlerkorrektur-Codes entdeckt, ein Prinzip, das die noch sehr allgemeinen Aussagen der SHANNONschen Informationstheorie bestätigte und dazu die Realisierung aufzeigte.

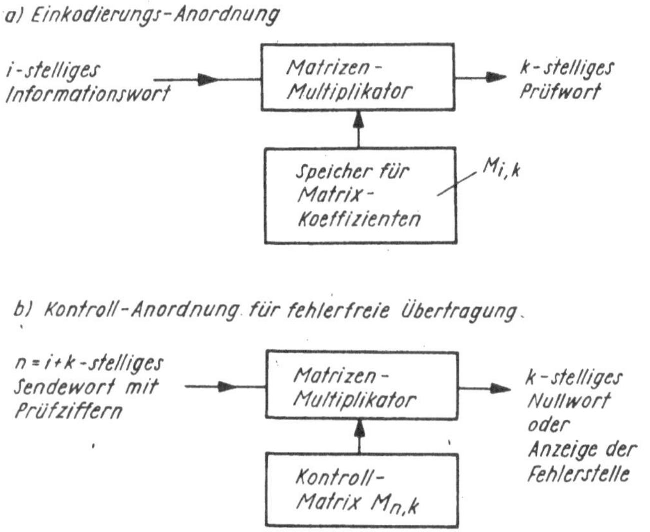

Abb. 7 Einkodierung einer Kodierungs-Redundanz zur Fehlerkorrektur nach Hamming (Matrizen-Multiplikation als Verbund-Operation)

Die Notwendigkeit ergab sich wieder einmal aus dem Typ der zu erwarteten Störsignale, nicht des Störrauschens, sondern der industriellen Störungen, die zeit-diskrete, impulsartige Störungen darstellen.

Hier besteht die Gefahr, daß ein einzelner Elementarimpuls als Bestandteil eines binären Code-Wortes falsch wiedergegeben wird (0 statt L oder L statt 0). Damit wird ein falsches Code-Wort übermittelt, was ebenso untragbar für die Datenübertragung als auch für eine Computerrechenoperation ist.

Die Strategie, die hier verfolgt wird, ist in Varianten für viele Entwicklungsstrategien der Informationstechnik typisch. Man versucht im Anfang einer neuen Entwicklung den notwendigen Aufwand zu minimalisieren (bei einer Schaltung die Anzahl der Bauelemente, bei einer Codierung den Codierungsaufwand, wie beim SHANNON-FANO-Code), erkennt aber bald, daß damit die Zuverlässigkeit und die Störfestigkeit erheblich verschlechtert wird. Außerdem erweist es sich, daß mit fortschreitender technologischer Entwicklung der Aufwand nicht einmal ein ökonomisches Kriterium ist (vgl. die Schaltungsintegration der Mikroelektronik). In der Codierungstechnik bedeutet jeder Mehraufwand einen Gewinn an Störfestigkeit. Er lohnt sich, sofern man die Eigenarten der Störsignale berücksichtigt. Bei gleichem Informationsfluß (in bit/s) kostet ein Mehraufwand der Codierung Bandbreite, da kürzere Elementarzeichen verwendet werden müssen. Nur wenn im nachfolgenden Kanal keine Bandbreite proportionalen Rauschstörungen, sondern nur Impulsstörungen auftreten, bringt eine Codierungsredundanz erhöhte Störfestigkeit. Dies geschieht durch den Einbau von Prüfbits in die Codeworte (= a priori-Maßnahme) und Fehlerkorrektur auf der Empfangsseite (= a posteriori-Maßnahme) auf Grund der Prüfbitkontrolle.

Diese Strategie zur Erhöhung der Störfestigkeit war an die Forderung einer weitgehenden Automatisierung geknüpft, und dies war wiederum nur durch den Einsatz von mathematischen Hilfsmitteln möglich, die in der Ingenieurtechnik bisher unbekannt gewesen waren, eine Tendenz, die sich in den letzten Jahrzehnten bereits mehrfach wiederholt hat. Hier war es die Anwendung algebraischer Strukturen, die die moderne Algebra bereitstellte. Die Menge der möglichen Codeworte (= 2^n bei n-stelligen binären Kombinationen) wird in diesem Falle in eine Teilmenge zulässiger und in eine Teilmenge nicht zulässiger Codeworte eingeteilt. Es sind eine Fülle von Möglichkeiten aufgefunden worden, um die nicht zulässigen Codewörter zu erkennen und — wenn möglich — in das im Signalabstand nächste zulässige Codewort zu überführen, was einer Fehlerkorrektur gleichkommt.

2.2.3. Reversible Verzerrungs-Verfahren

Es erhebt sich die Frage, ob die klassischen Verfahren der Modulation und der Kodierung die einzigen Verfahren zur Erhöhung der Störfestigkeit durch Signalwandlung (= Verfahren mit induzierter Störfestigkeit) sind oder nicht.

Die kritische Durchsicht der Verfahren der Nachrichtentechnik ergibt, daß man mindestens noch zwei verschiedene Methoden hierzu rechnen muß:

2.2.3.1. Logarithmische Amplituden-Kompression:

Wie jede Methode, so ist auch diese wiederum für eine bestimmte Klasse von Störsignalen vorgesehen, für kleine Rauschstörungen, die die Qualität mindern, aber den Informationsfluß nicht völlig zerstören. Sie wird angewandt, wenn man die oben genannte Variante der Diskretisierung und Umwandlung in Binärsignale nicht benutzen kann (z. B. aus Gründen des Aufwandes bei der Sprachübertragung). Die Methode verändert durch Umsetzung an einer nichtlinearen Kennlinie die Amplitudenverteilung, derart daß große Amplituden gegenüber den kleinen Amplituden schwächer verstärkt werden. Damit kann man bei geeigneter Wahl der Umsetz-Kennlinie (logarithmischer Verlauf!) erreichen, daß kleine und große

Amplituden durch überlagertes Rauschen bei der folgenden Übertragung mit dem gleichen relativen Fehler gestört werden. Die Rückumsetzung der Amplituden auf der Empfangsseite erfolgt durch eine exponentielle Kennlinie.

2.2.3.2. Frequenz-Spreizung (frequency sharing):

Eine andere Methode beruht darauf, daß nicht die Amplitudenverteilung, sondern die Frequenzverteilung geändert wird. Man versteht unter dem Begriff „frequency sharing“ die gemeinsame Benutzung von international zugeteilten Frequenzbändern nach irgend welchen Methoden im gleichen Zeitbereich. Dazu gehört die Frequenz-Spreizung, d. h. die Umwandlung des Nutzsignalspektrums über einen extrem großen Frequenzbereich (Umwandlung eines Schmalband-Signals in ein Breitband-Signal). Das Prinzip der Frequenzmodulation als Methode mit Änderung des Spektrums wird hier weiter ausgebaut. Ein einfaches Beispiel ist die Anwendung von breitbandigen Rauschsignalen oder Pseudo-Random-Signalen für spezielle Formen von einer Informationsübertragung durch Parameter-Aussteuerung. Diese Entwicklungsrichtung ist noch im Fluß!

Ähnlich wie beim Amplituden-Modulator begegnet man hier nicht-linearen Verbundoperationen, zugleich wiederum ein Beweis, daß die von Theoretikern so beliebte Beschränkung auf eine lineare Systemtheorie einen großen Teil der in der Informationstechnik unentbehrlichen Systeme unbeachtet läßt.

3. Methoden zur Erhöhung der Störfestigkeit unter Informations-Reduktion

Im Gegensatz zur Nachrichtentechnik spielt in der Meß- und in der Regelungstechnik die Forderung der Verzerrungsfreiheit keine Rolle, da nicht die Informationsübertragung, sondern die Informationsverarbeitung der Endzweck jeder Informations-Gewinnung ist. Dies geschieht in der Weise, daß dem Informationsfluß des beobachteten Prozesses Kenngrößen in Form von (a) Kennwerten (= Funktionalen) oder (b) Kennfunktionen entnommen werden. Dabei werden die Kennfunktionen durch Parametervariation aus Kennwerten, also in der Gestalt von parameterabhängigen Kennwerten — in den meisten Fällen — gewonnen. Das in Teil 1 erwähnte Mittel zur Signalwandlung, das „Verbund-System“, liefert selbst noch Zeitfunktionen oder diskrete Meßwertfolgen und muß in der Meßtechnik noch durch einen nachfolgenden Integrator oder eine Aufsummierstufe ergänzt werden, durch die eine Mittelwertbildung im Zeitbereich erfolgt. Es gibt jedoch auch einige Ausnahmen, bei denen es nicht der Fall ist.

Eine derartige Strategie beruht auf zwei wesentlichen Voraussetzungen. Der primäre Informationsfluß muß folgende Eigenschaften besitzen:

(I) Stationarität, d. h. Zeitinvarianz der statistischen Eigenschaften.

(II) Ergodizität, d. h. die Übereinstimmung des zeitlichen Mittelwertes mit dem statistischen Erwartungswert.

Beide Bedingungen sind selten streng erfüllt, aber als Modelleigenschaften zur Beschreibung des wirklichen Prozesses unentbehrlich.

Man ersetzt vor allem die zeitlichen Mittelwerte stets durch Kurzzeitmittelwerte und nimmt eine Schätzung des Prozeßtypes durch Beobachtung einer Musterfunktion vor, die auch als Prozeß-Realisierung bezeichnet wird.

Zwischen der Kennwert-Ermittlung und der Störfestigkeit besteht insofern ein enger Zusammenhang, als bei jeder Kennwert-Ermittlung eine Trennung der erwünschten Informationen von der unerwünschten Informationen erfolgt, eine Beschränkung auf die prozeßrelevante Information unter *Informationsreduktion.* Damit wird der Begriff der „Störungen" auf den der prozeßirrelevanten und damit unerwünschten Komponenten des Nutzsignals erweitert. Diese werden unterdrückt, aus welcher Informationsquelle sie auch stammen. So gehören zur vollständigen Darstellung der allgemeinen Filterungs-Technik und der Methoden zur Erhöhung der Störfestigkeit auch die Verfahren, die von einer Informations-Reduktion begleitet sind.

Die besondere Bedeutung dieser Methoden liegt darin, daß eine Signalselektion von Signalen vorgenommen werden kann, die im gleichen örtlichen, zeitlichen und

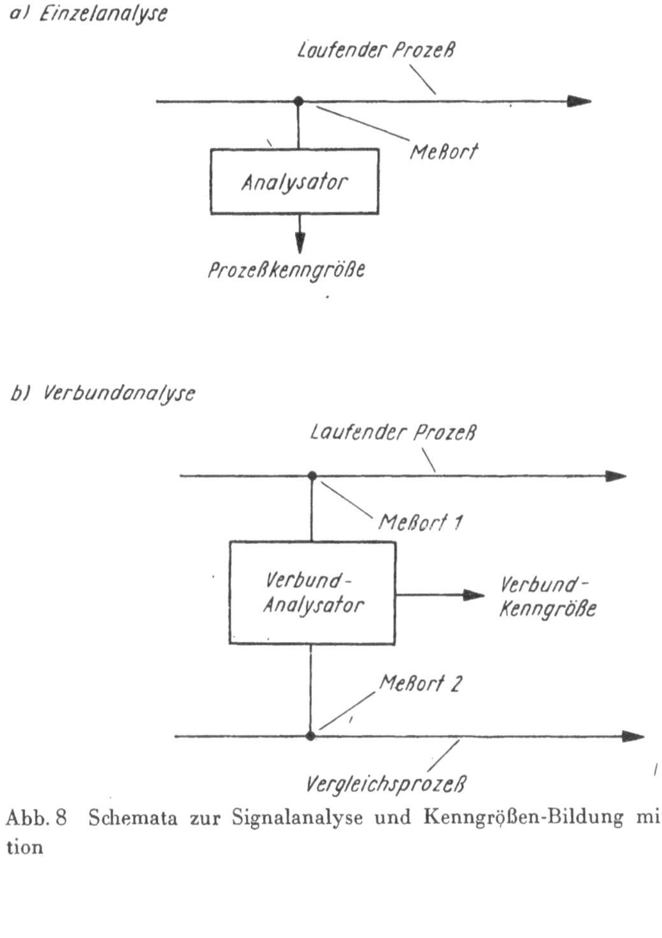

Abb. 8 Schemata zur Signalanalyse und Kenngrößen-Bildung mit Informationsreduktion

spektralen Bereich liegen, also die nicht mit den in Teil 2 behandelten Methoden voneinander getrennt werden können.

3.1. Methoden mit Analyse des Nutzsignals

Nach der Aufgliederung von Teil 2 gehören alle nun nachfolgenden Methoden zu 2.1.4.: zur statistischen Signalselektion, d. h. zur Signaltrennung auf Grund unterschiedlicher statistischer Eigenschaften, doch unter Verzicht auf die Forderung der Verzerrungsfreiheit. Zu 2.2., den Methoden mit induzierter statistischer Störfestigkeit, gibt es keine Parallele, sofern man nicht Testsignale mit künstlich erzeugten statistischen Eigenschaften, die sogenannten Pseudo-Random-Signale, dazu rechnet.

Für die weitere Klasseneinteilung der Methoden mit der statistischen Selektion erscheint es empfehlenswert, diese in zwei Gruppen zu unterteilen: 3.1. Methoden mit Analyse des Nutzsignals und 3.2. Methoden mit Analyse des Störsignals. Wenden wir uns zunächst der ersten Gruppe zu.

Die Aufgabe der hierzu verwendeten Verbundsysteme ist ein Vergleich des gestörten Nutzsignals mit einem Vergleichssignal. Dieser Vergleich wird in den meisten Fällen durch eine Bildung eines skalaren Produktes im verallgemeinerten Sinne, also durch eine Produkt-Mittelwert-Bildung vollzogen. Ferner benutzt man die Fouriertransformierten von parameterabhängigen Produktmittelwerten als Übergang vom Zeitbereich in den Frequenzbereich (oder auch in den Sequenzbereich der Walshanalyse).

Hierbei gibt es zwei grundsätzliche Möglichkeiten: 3.1.1. Vergleich des Nutzsignals mit einem determinierten Kontroll-Signal und 3.1.2. Vergleich des Nutzsignals mit einem nicht determinierten Vergleichsprozeß.

3.1.1. Vergleich des Nutzsignals mit einem determinierten Kontroll-Signal

3.1.1.1. Signalanalyse mittels Komponentenzerlegung:

Nach dem Vorbild der Fourieranalyse wird ein orthogonales Standard-Signalsystem zur Komponentenzerlegung verwendet und damit das Signal analysiert. Als Parameter dient hier die Frequenz. Der Fourierkoeffizient stellt verallgemeinert einen Korrelationskoeffizienten dar, d. h. einen Produktmittelwert von Nutzsignal und Standardsignal. In Abhängigkeit von der Frequenz ergibt dies bei periodischen Vorgängen eine diskrete Folge von spektralen Komponenten (Amplituden-Spektrum) und bei nicht periodischen Vorgängen eine kontinuierliche Folge von spektralen Komponenten (Amplitudendichte-Spektrum).

Die Selektion der erwünschten Komponente von den übrigen Signalanteilen und Störungen gelingt um so besser, je länger die Integrationszeit gewählt wird (beim theoretischen Modellfall ist sie unendlich!). Die Entstörung wird dadurch erreicht, daß die Bandbreite sich dabei auf die der Spektrallinie reduziert, die gegen Null konvergiert, wenn hinreichend lange integriert wird, was allerdings einen unendlich langen Vorgang und eine unendlich lange Stationarität voraussetzt, zwei technisch nicht realisierbare Forderungen. Schon um das ganze Spektrum aufzunehmen, muß die Meßzeit begrenzt werden, wozu die Speicherung oder die Registrierung des Vorganges dient. Heutzutage wird die Signalanalyse mit einem Computer vorgenommen. Dies erfordert eine Diskretisierung des Spektrums, und zwar bei nicht periodischen Vorgängen. Dies geschieht durch das Modell eines periodisch fortgesetzten Prozesses, aus dem ein Segment (= Zeitintervall-begrenzter Prozeß) entnommen wird. Die Approximation wird demnach durch einen frequenz- und zeitbegrenzten Prozeß vorgenommen, was rein mathematisch ein Widerspruch ist. Ein Prozeß kann entweder zeit- oder frequenz-begrenzt sein! Die dabei auftretenden Folgen eines Informationsverlustes sind bei richtiger Handhabung technisch tragbar. Da die Fourieranalyse Multiplikationen mit komplexen Größen erfordert, sind die klassischen Methoden der praktischen Fourieranalyse verbessert worden. Sie wurden ersetzt durch die sogenannte schnelle Fourieranalyse (FTT = fast fourier transformation). Hierbei wird die Transformationsmatrix in Teilmatrixen zerlegt und dabei Zwischenwerte berechnet (nach Cooley und Tukey 1965). Dies bedeutet eine Reduktion von N^2 auf N ld N Operationen, d. h. bei großem N eine sehr erhebliche Zeitersparnis.

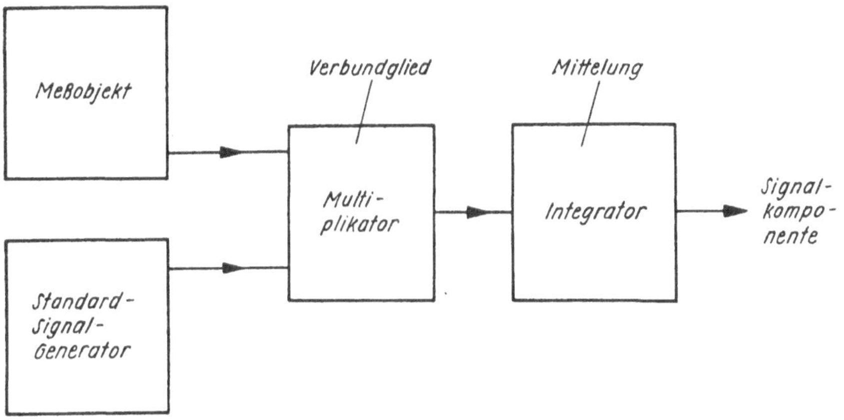

Abb. 9 Verbundsystem zur Signalanalyse mittels orthogonaler Standard-Signalsysteme

Dies geschieht formal in gleicher Weise bei der Walshanalyse („schnelle Walshanalyse"), bei der Walshfunktionen als Orthogonalsystem zur Komponentenzerlegung benutzt werden, mit der Sequenz als Parameter (= halbe Anzahl der Nulldurchgänge je Periodizitätsintervall).

Andere orthogonale Standard-Signalsysteme haben trotz vielfacher Versuche (Haarfunktionen, Legendre Polynome) kaum praktische Anwendungen für die

Prozeßanalyse gewonnen. Die Störfestigkeit wurde auch bei der Walsh-Analyse noch nicht quantitativ untersucht(!): Problem des „Restrauschens“.

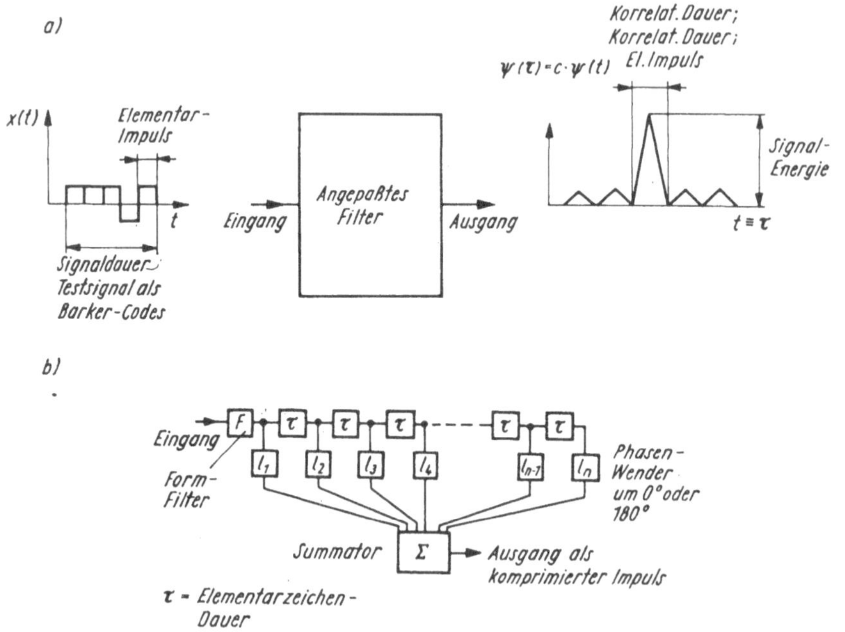

Abb. 10 Schema des angepaßten Filters bei diskreter Kodierung (Problem der Signalentdeckung im Rauschen)

3.1.1.2. Signalentdeckung mit dem angepaßten Filter:

Methodisch eng verwandt mit der Signalanalyse ist das Problem der Signalentdeckung, dem Auffinden von verrauschten Testsignalen im Störrauschen, vorzugsweise mit Normalverteilung (sogen. Gaussches Rauschen).

Bei der Suche nach periodischen harmonischen Komponenten ist gegenüber 3.1.1.1. überhaupt kein Unterschied vorhanden. Das Standardsignal als harmonische Schwingung wird mit der gleichen Frequenz wie die gesuchte Nutzsignalkomponente gewählt und durch Produkt-Mittelwert-Bildung das Funktional, als Fourierkoeffizient oder allgemeiner als Korrelationskoeffizient ermittelt. Dies ergibt den sogenannten Synchron-Detektor, bei dem allerdings noch ein Phasenabgleich auf Synchronismus erfolgen muß (Tonfrequenzanalyse der Elektroakustik nach Grützmacher).

Anders dagegen liegen die Verhältnisse, wenn das Nutzsignal nur kurzzeitig auftritt und einen bestimmten Zeitverlauf hat, wenn aber der Zeitpunkt des Auftretens a priori unbekannt ist (im Gegensatz zum Average-Verfahren nach 2.1.4.). Wenn es sich speziell um die Feststellung von Zeitdifferenzen (als Laufzeiten für eine Entfernungsbestimmung!) handelt, benutzt man das sogenannte angepaßte Filter (matched filter). Die a priori-Kenntnis ist hier die Signalform, unbekannt ist der Zeitpunkt.

Man benutzt hierfür Testsignale, die impulsförmig sind (Typ II) und eine Feinstruktur besitzen. Diese Feinstruktur wird so gewählt, daß die Autokorrelationsfunktion sich der Form einer δ-Funktion (= spike) annähert. Dies bedeutet eine extrem kurze Korrelationsdauer, also eine gute Zeitauflösung. Um eine Ortung in der laufenden Zeit (real time) vornehmen zu können, muß allerdings das Ausgangssignal die AKF unmittelbar als Zeitfunktion wiedergeben. Dies ist möglich, wenn ein lineares Netzwerk als Frequenzgang die konjugiert komplexe Funktion des Testsignalspektrums besitzt. Dies ist annähernd physikalisch realisierbar, wenn man eine konstante Zeitverzögerung im Netzwerk zuläßt. Die Feinstruktur wird entweder durch eine Frequenzmodulationdes Testsignals realisiert oder durch eine diskrete Phasenumtastung (Barker-Code). Hierbei kommt es darauf an, daß die AKF möglichst schwach ausgeprägte Nebenmaxima aufweist. Derartige Testsignale sind typische Breitbandsignale.

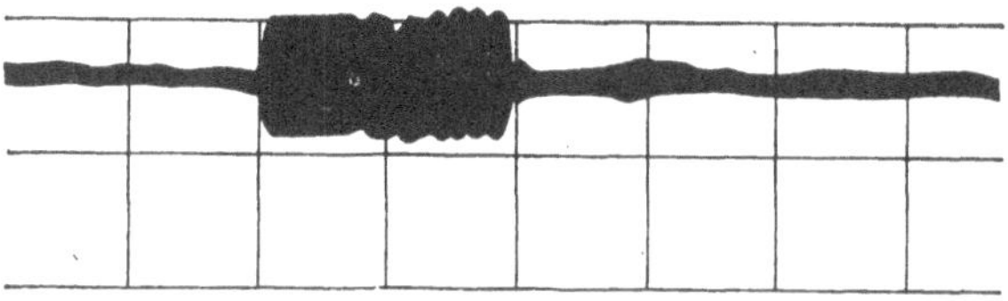

(a)

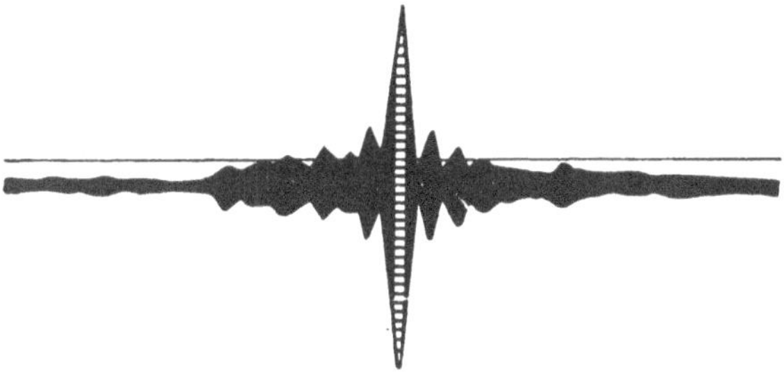

(b)

Abb. 11 Beispiel für eine Impulskompression mittels eines angepaßten Filters (Barker-Code)
a) Eingangs-Signal b) Ausgangs-Signal

Die hierbei erzielte Störfestigkeit läßt sich anschaulich durch eine Impulskompression erklären, da die hierbei benutzte Korrelationsdauer wesentlich kleiner ist als die gesamte Signaldauer des Sendesignals. Man kann zeigen, daß bei homogenem Breitbandrauschen die potentielle Störfestigkeit durch das Verhältnis von

Signalenergie durch Rauschleistungsdichte gegeben ist. Was oben als induzierte Störfestigkeit bezeichnet wurde, wird hier beim angepaßten Filter durch die Feinstrukturierung des Test-Signals erreicht. Da dies einen Austausch von Störabstand und Bandbreite bedeutet, finden wir hier wieder das Grundprinzip von SHANNON und KOTELNIKOV realisiert. Im Gegensatz zur FM ist das Verfahren hier bereits auf das Auftreten von breitbandigem Störrauschen zugeschnitten.

3.1.2. Vergleich mit einem nicht determinierten Vergleichs-Prozeß

Das Charakteristische der Korrelationsanalyse kommt erst bei der Verknüpfung mit einem zweiten, nicht determinierten Vergleichsprozeß voll zum Ausdruck: die Auswertung der statistischen Verwandtschaft.

Hierbei ist zu unterscheiden: 3.1.2.1. Autokorrelations-Analyse, d. h. Vergleich mit dem gleichen, jedoch zeitverschobenen Prozeß, und 3.1.2.2. Kreuzkorrelations-Analyse, d. h. Vergleich mit einem anderen Prozeß, ebenfalls zeitverschoben.

Die Zeitverschiebung ist hierbei der Parameter des Meßwertes. Der Meßwert selbst ist das innere Produkt (= skalares Produkt) in Form des Produkt-Mittelwertes im Zeitbereich (unter der Voraussetzung der Stationarität und der Ergodizität).

3.1.2.1. Autokorrelations-Analyse:

Sie gibt an Hand des Zeitmittelwertes

$$K(\tau) = \overline{x(t) \cdot x(t-\tau)} = \lim_{T \to \infty} \frac{1}{2T} \int_{-T}^{+T} x(t)x(t-\tau)dt$$

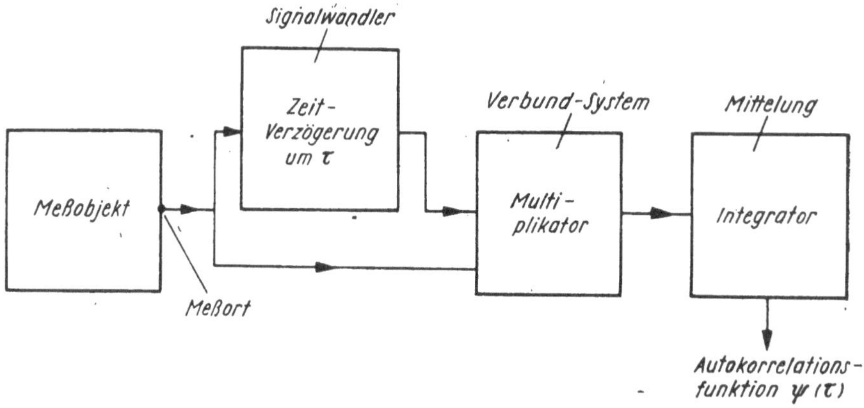

Abb. 12 Korrelator als Verbundsystem

ein Maß für die innere statistische Verwandtschaft wieder, sofern der Prozeß ergodisch ist. Hierbei wird die AKF dem Erwartungswert

$$\int_{-\infty}^{\infty} \int_{-\infty}^{\infty} x\, x_\tau\, p(x,x_\tau)dx \cdot dx_\tau \text{ gleichgesetzt,}$$

gleichgesetzt, wobei $p(x,x_\tau)$ die Verbundwahrscheinlichkeit des stationär angenommenen Prozesses ist. Der Parameter τ ist der Zeitabstand der gemittelten Werte.

$K(\tau)$ ist für endliche Integrationszeit ein Schätzungswert.

Die AKF ist die FOURIER-Transformierte des Leistungsspektrums S(t) (für $T \to \infty$) oder des Energiespektrums (für endliches T), je nach der Definition.

$$K(\tau) = \int_{-\infty}^{\infty} S(f) \cdot e^{j\omega\tau}\, df$$

$$\text{und } S(f) = \int_{-\infty}^{\infty} K(\tau)\, e^{-j\omega\tau}\, d\tau$$

Man kann also durch die Zeitmittlung spektrale Eigenschaften ableiten und umgekehrt aus dem Leistungsspektrum die Korrelations-Eigenschaften. Für technische Meßzwecke und Anwendungen ist die wichtigste Korrelationseigenschaft die Korrelationsdauer. Für das Modell eines Breitbandsignals mit konstanter spektraler Leistungsdichte S_0 im Bereich $-f_g < f < +f_g$ ergibt sich die AKF als

$$K(\tau) = 2f_g S_0 \cdot \text{sp}\,(2\pi\, f_g\, \tau) \text{ mit sp } y = \frac{\sin y}{y}$$

als Spaltfunktion.

Das Maximum liegt stets bei

$$K(o) = \int_{-\infty}^{\infty} S(f)df = x^2_{\text{eff}}, \text{ hier } = 2f_g S_0$$

Die ersten beiden Nulldurchgänge des AKF des homogenen Leistungsspektrums liegen bei: $\tau_0 = 1/2f_g$, so daß sich die Korrelationsdauer im Hauptbereich von $-1/2f_g$ bis $+1/2f_g$ erstreckt.

Wesentlich ist hier die Reziprozität von Bandbreite und Korrelationsdauer. Da für Meßzwecke oft eine kurze Korrelationsdauer gefordert wird, benötigt man eine große Bandbreite, eine bereits beim angepaßten Filter erwähnte Tatsache. (Bem.: In der Lehre wird man die Abschnitte 3.1.1.1. und 3.1.2.1. vertauschen.) Die Vorteile der Breitbandsignale als Breitbandrauschen oder Breitbandprozesse haben zur Folge, daß man sie in Spezialfällen auch als Testsignale benutzt.

Vom Standpunkt der Störfestigkeit ist hier hervorzuheben, daß außerhalb der Korrelationsdauer ($\tau \gg \tau_0$) keine Beiträge zur AKF gebracht werden. Die weiter entfernten Signalwerte werden unterdrückt! Daher kann man diesen Effekt als *Korrelationsselektion* bezeichnen. Sie dient zur Trennung von Signalkomponenten unterschiedlicher Laufzeit (vgl. 3.1.2.2.). Diese Signalkomponenten liegen hierbei im gleichen Frequenzbereich und treffen zur gleichen Zeit ein. Die Selektion beruht demnach auf den statistischen Signaleigenschaften! Die Unterdrückung unkorrelierter Signalkomponenten gelingt um so besser, je länger die Korrelationsdauer gewählt wird. Dies findet u. a. ihre Grenze dadurch, daß der Vorgang selbst nur für eine begrenzte Dauer als stationär betrachtet werden. Es kann nur ein Kurzzeitmittelwert als Schätzwert ermittelt werden. Allgemein gilt der Satz der Statistik, daß sich die Amplituden der voll korrelierten Anteile addieren, während sich die Leistungen der unkorrelierten Anteile addieren.

Von technischem Interesse ist das Theorem der Voraussage: Ein auftretender Momentanwert eines Schwankungsvorganges x(t) kann aus einer vorangegangenen Amplitude $x(t-\tau)$ bei konstant bleibender Gesamtleistung $\overline{x^2(t)} = \overline{x^2(t-\tau)}$ mit dem Betrag von $\check{x}(t-\tau) \cdot \varrho(\tau)$ vorausgesagt werden, wenn $\varrho(\tau)$ die normierte AKF $K(\tau)/K(0)$ ist. Diese Schätzung ist nur innerhalb der Korrelationsdauer $\tau < \tau_0$ möglich. Tastet man den Vorgang innerhalb von τ_0 in kleinen Intervallen ab, so kann man den zu erwarteten Wert x(t) durch eine statistische Mittelung dieser Schätzwerte selbst abschätzen. (Anwendung dazu vgl. 3.2.1.)

3.1.2.2. Kreuzkorrelations-Analyse:

Die Kreuzkorrelations-Analyse besteht in einer Produkt-Mittelwert-Bildung von zwei verschiedenen um τ zeitverschobenen Prozessen:

$$K_{xy}(\tau) = \overline{x(t) \cdot y(t-\tau)}$$

Der Querstrich bedeutet die Zeitmittelung.

Statistisch völlig unabhängige Vorgänge, also z. B. Rausch-Vorgänge aus zwei verschiedenen Rauschquellen, ergeben bei hinreichend langer Integrationszeit keinen Beitrag zur KKF. Die Korrelationsanalyse ist also nur sinnvoll, wenn in beiden Prozessen eine gemeinsame, statistische verwandte Komponente vorhanden ist.

Dies ist z. B. dann der Fall, wenn ein verrauschtes Testsignal $s(t) + r(t)$ mit dem unverrauschten Testsignal $s(t-T)$ verknüpft wird (T = Laufzeitdifferenz beider Signale).

Der Effekt der Entstörung läßt sich dann wie folgt darstellen:

$$K(\tau) = \overline{(s(t-\tau) + r(t-\tau)) \cdot s(t-T)} = K_{ss}(\tau - T) + K_{sr}(\tau - T)$$

Das Maximum der KKF tritt bei Synchronismus $\tau = T$ auf. Mit hinreichender Integrationszeit geht die KKF zwischen Signal und Rauschen K_{sr} gegen Null. Für eine exakte Fehler-Abschätzung muß das Restrauschen K_{sr} abgeschätzt werden.

Der Vorteil wird sichtbar, wenn das Nutzsignal bereits im Rauschpegel versunken ist. Im Vergleich dazu liefert die Autokorrelations-Analyse den Meßwert:

$$K(\tau) = \overline{(s(t-\tau) + r(t-\tau)) \cdot (s(t) + r(t))}$$
$$= K_{ss}(\tau) + K_{sr})\tau) + K_{rr}(\tau) + K_{rs}(\tau)$$

Hier verbleibt auch bei hinreichend langer Integrations-Zeit noch die AKF des Rauschens, die Rauschleistung übrig. Der Entstörungseffekt ist erheblich geringer.

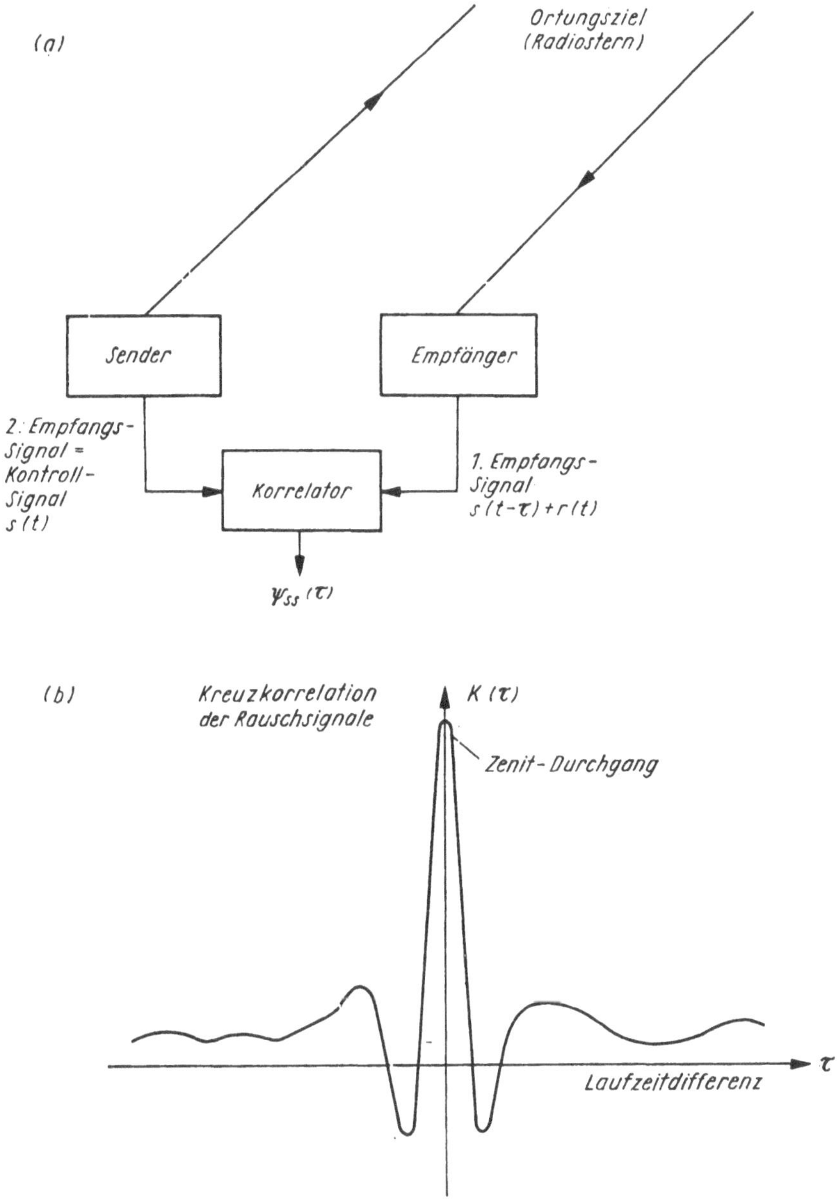

Abb. 13 Anwendung der Laufzeit-Selektion mittels des Korrelators in der Radio-Astronomie

Das Meßwert-Ergebnis wird hierbei zweifach ausgewertet:

a) τ-Auswertung: hierbei wird der Zeitpunkt des Synchronisations-Maximums $\tau = T$ der KKF benutzt, um Laufzeiten und Entfernungen zu messen.
b) K-Auswertung: Der Wert der Auto- oder der Kreuzkorrelationsfunktion wird für die Bestimmung von Materialkonstanten benutzt.

Anwendungsbeispiele finden sich im Anhang (Anwendungen der Meßstochastik) erwähnt.

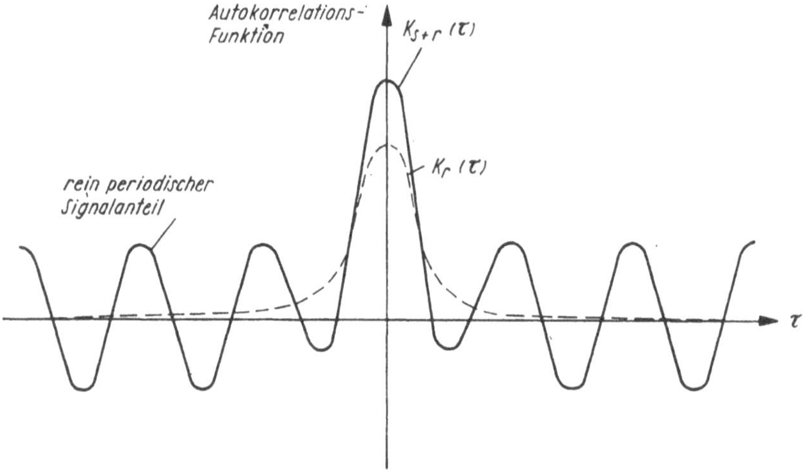

Abb. 14 Entstöreffekt bei breitbandig verrauschten harmonischen Schwingungen
– – – – Rauschanteil

3.1.2.3. Spektralanalyse und Cepstrum-Analyse:

Die statistischen Verfahren galten früher als aufwendig und zeitraubend. Heutzutage lassen sich durch den Einsatz der Fourier- und neuerdings auch durch den Einsatz der Walsh-Analyse mit Hilfe von elektronischen Kleinrechnern diese Nachteile vermeiden. So läßt sich auch das Leistungsspektrum (bzw. das Energiespektrum, vom ersteren nur durch einen Faktor verschieden) aus dem Satz diskreter Abtastwerte mit Hilfe einer „schnellen Fourieranalyse“ schnell schätzungsweise berechnen. Das gleiche gilt für die Berechnung der AKF aus dem Leistungs-Spektrum.

Vom Standpunkt der Störfestigkeit ist hier ein Verfahren von Interesse, das in der Literatur als „Cepstrum“-Analyse bezeichnet wird.

Es tritt bei der Ortung der Fall ein, daß das Hauptsignal von einem Echo gefolgt wird, wobei sich die Signale noch überdecken, so daß keine Signaltrennung mit den bekannten Methoden möglich ist. Das Echo soll dabei von gleichem Zeitverlauf, nur in der Leistung schwächer als das Hauptsignal sein.

Dies läßt sich folgendermaßen darstellen:

Zunächst wird aus den Abtastwerten mittels FFT das Leistungsspektrum S(f) oder $S(\omega)$ berechnet; beträgt die spektrale Amplitudendichte der Realisierung $X(\omega)$, so hat das um τ_0 verzögerte und um den Faktor $a \ll 1$ abgeschwächte Echo die Amplitudendichte:

$$X(\omega) \cdot \alpha \cdot e^{-j\omega\tau_0}.$$

Hieraus folgt für das Leistungsspektrum des Empfangssignals:

$$S_e(\omega) = \frac{1}{2T} (x(\omega) \cdot (1 + \alpha_e{}^{-j\omega\tau_0}))^2 \quad \text{als Schätzwert!}$$

Im Zähler steht das Energie-Spektrum.
Hieraus folgt:

$$S_e(\omega) = \frac{1}{2T} |X(\omega)|^2 (1 + 2 \cdot \alpha \cos\omega\tau_0 + \alpha^2) \text{ mit } \alpha^2 \approx 0.$$

Man erkennt, daß das Geisterecho eine periodische Komponente im Empfangs-Spektrum hervorruft.

Man kann diese periodische Komponente durch Logarithmieren abtrennen. Unter Normierung auf einen Wert S_0 ergibt sich:

$$\log(S(\omega)/S_0) = \log/X(\omega)/^2 + 2\alpha \cos\omega\tau_0 + \text{konst.}$$

$$\text{wegen } \log(1 + y) \approx y \text{ für } y < 1.$$

Bekanntlich wird durch die Fourier-Transformation jede Periodizität in eine diskrete Linie umgewandelt. Dies bedeutet, daß bei einer Rücktransformation des normierten und logarithmierten Leistungs-Spektrums in einen Zeitbereich die spektrale Geister-Echo-Periodizität durch einen schmalen Impuls dargestellt wird. Er erscheint der Rücktransformation von $\log/X(\omega)/^2$ überlagert, da für die Fourier-Transformation der Summensatz gilt. Dieser Zeitbereich wurde von den Erfindern des Verfahrens (Tukey u. a.) als „Cepstrum"-Bereich bezeichnet. Die Lage dieses Impulses ergibt ein Maß für τ_0, für die Zeitdifferenz von Hauptsignal und Echosignal (Abb. 15).

3.1.2.4. Analyse mit logischen Verknüpfungen

Hier erhebt sich die Frage, ob die Korrelatoren als Verbundsysteme mit Informations-Reduktion die einzigen derartigen Systeme sind. Dies ist nicht der Fall. Läßt man das Integrations-System, das dem Multiplikator folgt, fort (vgl. Abb. 12), so ist das Wesentliche an der Anordnung, daß sie zwei nicht determinierte Prozesse (Informationsflüsse) unter Informationsverlust miteinander verknüpft. Dafür gibt es auch andere Beispiele.

Beschränkt man sich zum Beispiel auf binäre Informationsflüsse, so ergibt sich das Schema eines logischen Bauelements, das eines der 16 im Prinzip möglichen

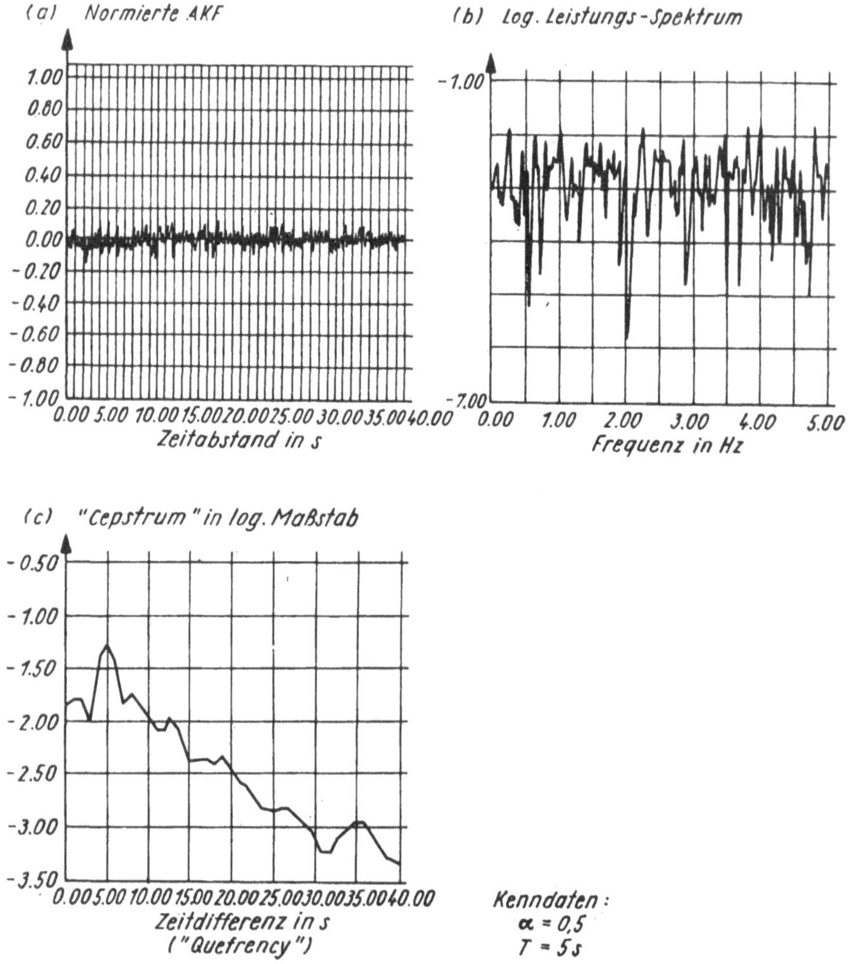

Abb. 15 Anwendungsbeispiel der Cepstrum-Analyse

logischen Verbund-Operationen ausführt, die als bekannt vorausgesetzt werden können.

In der Meßstochastik wird der Begrenzer (ohne oder mit Vorspannung) häufig als Wandler in binäre Prozesse verwendet (Abb. 16), wobei bewußt eine Informationsreduktion angestrebt wird. In solchen Fällen genügt die Nulldurchgangsverteilung um die prozeßrelevante Information noch zurückzubehalten, während auf die Amplitudeninformation verzichtet wird.

Abbildung 17 zeigt das Schema eines Meßgerätes zur Messung der Geschwindigkeit von glühendem Walzgut (ohne Objektberührung).

Hierbei wird der Signalfluß durch Abtastung der Oberfläche des Walzgutes durch

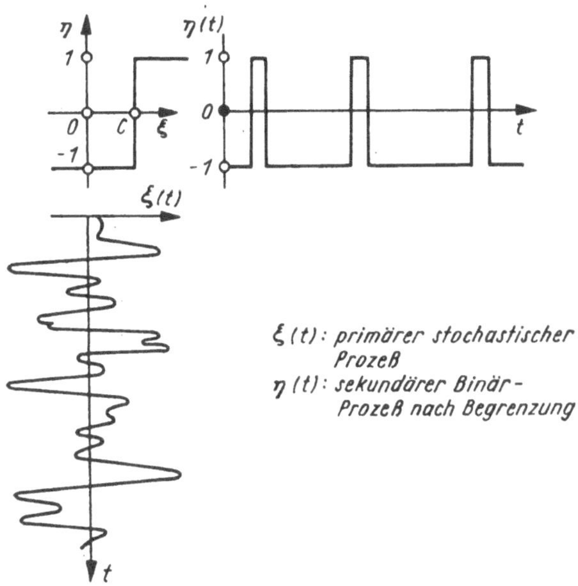

Abb. 16 Schema eines Begrenzers als nichtlineares Verbundsystem zur Nulldurchgangs- oder zu Amplituden-Verteilungs-Analyse (d. h. ohne oder mit Begrenzungs-Vorspannung)

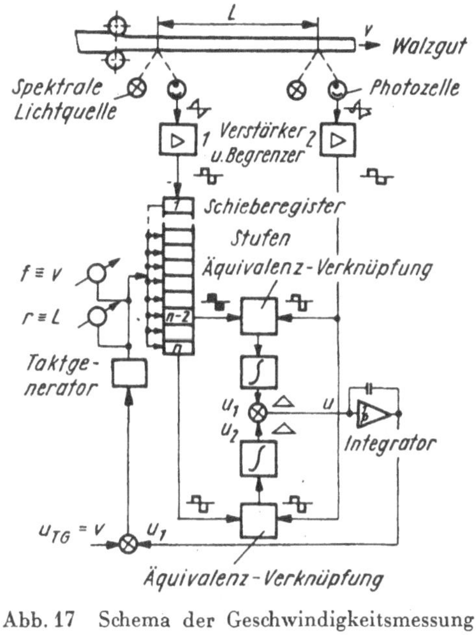

Abb. 17 Schema der Geschwindigkeitsmessung von glühendem Walzgut mittels eines Korrelators bei Begrenzung auf binäre Informationsflüsse.

einen spektral optimierten Lichtstrahl (als Testsignal) erzeugt, und zwar an zwei Meßstellen. Die beiden Signalflüsse sind teilweise korreliert, aber um die Laufzeit zwischen den Meßpunkten zeitverschoben. Die Laufzeit wird durch eine voll automatisierte Laufzeitselektion gemessen. Aus der bekannten Wegstrecke und der Laufzeit ergibt sich die Ausgangs-Geschwindigkeit und bei bekannter Eingabegeschwindigkeit des Walzgutes in die Walze ergibt sich die aus der Laufzeit-Differenz ermittelbare Dicke des Walzgutes. Es findet ein Polaritäts-Korrelator Verwendung, wobei die Multiplikation durch die Äquivalenz-Relation (als logisches Bauelement, Binär-Operation!) ausgeführt wird. Die Zeitverschiebung wird durch ein gesteuertes Schieberegister vorgenommen. Die Anordnung zeichnet sich durch hohe Störfestigkeit gegenüber mechanischen und elektrischen Störeinflüssen aus und stellt ein gutes Beispiel für eine störsichere Signalverarbeitung dar. Die Methode ist wegen der Verwendung von Binärsignalen gegenüber rauschähnlichen Störungen unempfindlich und auch gegen impulsartige Störungen, die ausgemittelt werden.

Es zeigt sich, daß der Begriff des Verbundsystems recht geeignet ist als übergeordnete Klasse der signalverarbeitenden Systeme, in die sich die analogischen und die diskreten Systeme einordnen lassen, wozu die Modulatoren, die Kodierer, die Korrelatoren und die logischen Bauelemente gehören. Die Klassifizierung nach der mathematischen Verknüpfungs-Operation, wie z. B. der Faltungsintegration, der algebraischen Multiplikation (= Werteprodukt), der Polynom-Multiplikation ohne oder mit Restklassen-Algebra, der Matrizenmultiplikation und der logischen Verknüpfungen, die zu den „Verband-Operationen" gehören, zeigt eine noch nicht ausgeschöpfte Möglichkeit, die Systemtheorie zu erweitern und von der üblichen Beschränkung auf lineare Systeme zu befreien.

Die Auswahl der Verknüpfungsoperationen legt in vielen Fällen zugleich Randbedingungen auf die betrachtete Signalmenge fest!

3.2. Methoden mit Analyse des Störsignals

Außer den in 3.1. genannten Methoden, die im wesentlichen auf einer Analyse des Nutzsignals beruhen, gibt es noch eine zweite Gruppe der Verfahren mit Informations-Reduktion, bei denen eine Analyse der Störungen vorgenommen wird: es wird das Störsignal selbst analysiert.

Hier besteht eine Verwandtschaft mit der in 3.1.1.4. genannten Methode der Aufnahme und Messung des Störsignals, nur mit dem Unterschied, daß hier eine Informationsreduktion — sowohl beim Störsignal wie beim Nutzsignal — durch die Anwendung statistischer Methoden zugelassen ist. Aber auch hier liegt eine Störgrößen-Aufschaltung vor!

Voraussetzung ist in jedem Falle, daß das Störsignal örtlich oder zeitlich getrennt vom Nutzsignal beobachtet werden kann. Dies ist z. B. der Fall, wenn das Nutzsignal nur gelegentlich auftritt (als Nutzimpuls).

3.2.1. Analyse eines additiven Störrauschens (Predictions-Verfahren)

3.2.1.1. Subtraktion des Schätzwertes (Autokorrelations-Methode)

Wir setzen voraus, daß eine ständige Störung vom Typ des Rauschprozesses vorliegt. Es soll nahezu stationär und kontinuierlich einwirken. Das Verfahren besteht darin, daß das Störsignal laufend beobachtet wird und innerhalb der Korrelationsdauer aus den vergangenen Momentanwerten der laufend zu erwartenden Störsignalwerte abgeschätzt wird und daß nun dieser Schätzwert von der auftretenden tatsächlichen Rauschamplitude abgezogen wird. Dadurch wird laufend das Grundrauschen verringert und ein kurzzeitig auftretendes Nutzsignal mit geringerem Störpegel beobachtet. Dies gelingt um so besser, je länger die Korrelationsdauer des Grundrauschens ist, d. h. je schmalbandiger dieses ist. Bezeichnet man mit $\varrho(\tau) = K(\tau)/K(0)$ die normierte AKF, so ergibt die um $\tau = i.\Delta\tau$ zurückliegende Rauschamplitude $r(t-\tau)$ den Schätzwert $r(t-\tau) \cdot \varrho(\tau) = \varrho(\tau)$. Tastet man im Abstand $\Delta\tau < \tau_0$ mit τ_0 als Korrelationsdauer ab, so kann man $n = \tau_0/\Delta\tau$ Schätzwerte erhalten. Die Mittelwertbildung der einzelnen Schätzwerte, die die korrelierten Komponenten darstellen, ergibt dann die erwartete Störkomponente von:

$$E\{\hat{\varrho}(t)\} = \frac{1}{n} \sum_{i=1}^{n} r(t - i \cdot \triangle\tau) \cdot \varrho(i \cdot \triangle\tau)$$

Dieser Erwartungswert des Störrauschens wird laufend berechnet und von der momentan auftretenden Rauschamplitude r(t) abgezogen. Die Methode gibt nur den Anfang des Nutzsignals mit größerem Störabstand richtig wieder. Läuft das Beobachtungsintervall in das Nutzsignal selbst hinein, wird dieses mit in den Schätzwert hineingezogen, so daß ein falscher Mittelwert des Grundrauschens abgezogen wird. So bewährt es sich in denjenigen Fällen, bei denen es um die Beobachtung des Flankenanstieges des zufällig auftretenden Nutzimpulses ankommt. Dies ist u. a. bei der Beobachtung von „spikes"-Impulsen im mikrobiologischen Grundrauschen in der Elektromedizin der Fall, zur Untersuchung einer Veranlagung von Epilepsie. Ferner findet die gleiche Methode in der Seismographie Anwendung, wenn man im mikroseismischen Grundrauschen natürliche oder künstliche Erdbeben entdecken und unterscheiden will.

In beiden Fällen wird die Autokorrelationsfunktion des Störrauschens zur Analyse benutzt.

3.2.1.2. Kalman-Filterung (Kreuzkorrelations-Methode)

Der Vollständigkeit halber sei hier erwähnt, daß das sogenannte Kalman-Filter zu diesen Predictionsmethoden zuhört. Der Unterschied besteht methodisch darin, daß die Abtastwerte bei der nachfolgend kurz skizzierten Methode unkorreliert sind, indem im Abstand der Korrelationsdauer abgetastet wird, also eine Methode mit breitem Spektrum. Es wird die Kreuzkorrelation ausgenutzt.

Es handelt sich um ein Schätzproblem bei der Bahnbestimmung für die Navigation von Raumflugkörpern, von Flugzeugen und von Schiffen (Kollisions-Schutz). Als mathematisches Modell wird die Zustands-Vektor-Gleichung des bewegten Objektes benutzt. An Hand dieser Zustandsgleichung wird sukzessiv der nächste Abtastpunkt der Bahnkurve abgeschätzt und dann mit dem tatsächlichen Meßwert verglichen. Beide stimmen nicht genau überein. Dies rührt vom Meßfehler der Komponenten her, deren Kovarianzmatrix ermittelt werden muß und von den Steuerbewegungen des Objektes, die unbekannt sind, aber deren Kovarianzmatrix ebenfalls abgeschätzt wird. Berücksichtigung beider Fehlerquellen wird das Optimum des Schätzwertes mittels eines komplizierten Matrizen-Ansatzes gebildet.

3.2.2. Analyse von multiplikativ einwirkenden Störungen

Störungen wirken multiplikativ ein, wenn der Übertragungsfaktor einer Meßstrecke oder eines Übertragungskanals statistischen Schwankungen unterworfen ist. Dieser Faktor ist eine komplexe und frequenzabhängige Größe, also hat man als Sonderfälle die reinen Dämpfungsschwankungen und die reinen Phasenschwankungen zu unterscheiden.

3.2.2.1. Dämpfungs-Schwankungen

Zu dieser ersten Gruppe gehört die alt bekannte Schwunderscheinung eines Übertragungsmediums, z. B. der Ionosphäre. Dieser Effekt wird als Fading bezeichnet und die Gegenmaßnahme Fading- oder Schwungregelung. Sie benutzt den Träger der Modulation zur Regelung der Verstärkung als Rückwärtsregelung. Die Voraussetzung dafür ist, daß der Schwankungsvorgang hinreichend langsam gegenüber dem Informationsfluß der Modulation verläuft. Damit liegt hier eine Sonderform der spektralen Selektion vor.

3.2.2.2. Phasenschwankungen

Übertragungskanäle mit Dispersion rufen Phasenverzerrungen hervor. Dies bedeutet eine Verzerrung des zeitlichen Signalverlaufes. Daher ist die Methode des angepaßten Filters in diesem Falle nicht anwendbar. Da aber Phasenverzerrungen keinen Einfluß auf die Korrelationsfunktion haben, kann man die Methode des angepaßten Filters durch das als „output-energy-filter“ in der angelsächsischen Literatur bezeichnete Verfahren ersetzen. Hierbei wird nur die Kovarianzmatrix des Nutzsignals und des Störrauschens benötigt.

Die derzeitige Entwicklungstendenz der Meßstochastik ist durch die Suche nach Verfahren charakterisiert, bei denen keine a priori-Information über Nutz- oder Störsignale vorliegt, d. h. nur die apriori-Information ausgenutzt werden kann.

Zusammenfassend ist festzustellen, daß nur die Kombination aller Möglichkeiten zur Erhöhung der Störfestigkeit die optimale Störfestigkeit ergibt und daß auch die konstruktiven und technologischen Mittel zur Verbesserung der Zuverlässigkeit voll ausgenutzt werden müssen.

4. Anwendungen der Meßstochastik und ihrer Methoden zur Erhöhung der Störfestigkeit in Naturwissenschaft und Technik (Übersicht)

4.1. Anwendungen in der naturwissenschaftlichen Forschung

4.1.1. Radio-Astronomie: Messung der Position und der Ausdehnung der Radiosterne

4.1.2. Spektroskopie: Messung der Geschwindigkeit und der Turbulenz von Flüssigkeiten mit Laserstrahlen

4.1.3. Radar-Navigation: Messung des Zustandes der Meeresoberfläche, Messung der Abdrift

4.1.4. Weltraumforschung: Übertragung von Meßdaten und Bildern von den Nachbarplaneten und vom Mond

4.1.5. Meteorologie: Messung der Reflexion und Abdrift der Ionosphäre

4.2. Anwendungen in der Technik

4.2.1. Elektroakustik: Sprachanalyse, Schallreflexion und Absorption, Schwingerprüfung

4.2.2. Schwingungstechnik: Überwachung von Turbinen zur Früherkennung von Ausfällen

4.2.3. Mechanische Technologie: Transportgeschwindigkeitsmessung, u. a. an Walzgut (berührungslos)

4.2.4. Kerntechnik: Messung und Überwachung der Neutronenproduktion beim Spaltprozeß

4.2.5. Navigation: Positionsbestimmung bei Störungen (Kalmanfilterung)

4.2.6. Seismographie: Erkennung von Kernexplosionen

4.3. Anwendungen in den medizinischen Wissenschaften

4.3.1. Audiometrie: Objektive Messung des Hörvermögens, u. a. an Säuglingen

4.3.2. Ophtalmologie: Objektive Messung des Sehvermögens (Schwellwert, Umfang)

4.3.3. Herzmedizin: EKG-Analyse, Kontrolle der pränatalen Herztätigkeit, Blutdruckmessung an Säuglingen

4.3.4. Psychatrie: Analyse des Enzephalogramms, Untersuchung der Nerventätigkeit

4.3.5. Geburtshilfe: Geburtsüberwachung

Literatur

Kotelnikov, W. A.: Theorie der potentiellen Störfestigkeit (russ.), Staatl. Energie-Verlag Moskau 1956.

Charkewitsch, A. A.: Signale und Störungen, R. Oldenbourg München 1968.

Shannon, C. E.: A mathematical Theory of Communication, Bell System Techn. Journ. 27 (July 1948) S. 379–424 und (Oct. 1948) S. 623–657.

LANGE, F. H.: Signaltheorie und Störfestigkeit, Nachrichtentechnik—Elektronik 27 (1977) Heft 9 S. 373—375.

LANGE, F. H.: Zur Einordnung der Korrelationsverfahren in die Systemtheorie-Verbund-Systeme. Messen, Steuern, Regeln (MSR) 19 (1976) Heft 7 S. 231—236.

WOSCHNI, E. G.: Frequenzmodulation, VEB Verlag Technik Berlin 1962.

FRITZSCHE, G.: Theoretische Grundlagen der Nachrichtentechnik, VEB Verlag Technik Berlin 1972.

FEY, P.: Informationstheorie, Akademie-Verlag Berlin 1963.

GLASER, W.: Mehrkanalübertragung von Signalen, Akademische Verlagsgesellschaft Geest u. Portig Leipzig 1977.

PETERSON, W. W.: Error-correcting-codes, John Wiley Sons Inc. New York 1961.

WUNSCH, G.: Systemtheorie der Informationstechnik, Akademische Verlagsgesellschaft Geest u. Portig Leipzig 1971.

STEINBUCH-RUPPRECHT: Nachrichtenübertragung, Springer-Verlag Berlin 1973.

KLOWSKI, D. D.: Theorie der Signalübertragung (russ.), Verlag Swjas Moskau 1973.

LANGE, F. H.: Zum Einfluß der modernen Algebra auf die Entwicklung der Informationstechnik: Algebraische Strukturen in der Signaltheorie, Sitzungsberichte der AdW der DDR 18/N/1976, Seite 32—54.

LANGE, F. H.: Korrelationselektronik 2. Aufl., VEB Verlag Technik Berlin 1962.

LANGE, F. H.: Signale und Systeme Bd. 3: Regellose Vorgänge. VEB Verlag Technik Berlin 1971.

LANGE, F. H.: Methoden der Meßstochastik, Akademie-Verlag Berlin 1978.

LEWIN, B. R.: Theoretische Grundlagen der statistischen Radiotechnik, Band 3. Sowjetisches Radio, Moskau 1976.

KROSCHEL, K.: Statistische Nachrichtentheorie, Springer-Verlag Berlin 1973.

SEIDLER, J.: Systeme zur Übertragung diskreter Information (russ.), Verlag Swjas, Moskau 1977.

HARMUTH, H.: Transmission of Information by Orthogonal Functions, Springer-Verlag New York 1972.

PICHLER, F.: Mathematische Systemtheorie, Verl. Walter de Gruyter Berlin 1975.

WAGMAN, J. L.: Strukturierte Signale und das Unbestimmtheit-Prinzip der Funkortung (russ.), Sowjetisches Radio, Moskau 1974.

DAVENPORT, W. B., and ROOT, W. L.: Random Signals and Noise, Mc.Graw Hill 1958 New York.

KALMAN, R. E.: A New Approach to Linear Filtering and Prediction Problems, Trans. ASME Journal of Basic Engineering 82 (1960) 35—45.

WIENER, N.: Extrapolation, Interpolation and Smoothing of Stationary Time Series, Verlag Wiley Ney York 1950.

KOSUBOWSKI, S. F.: Automatische Korrelations-Geschwindigkeits-Meßgeräte, Verlag der Akademie der Wissenschaften der Ukrainischen SSR Kiew 1963.

LANGE, F. H., und W. MÜLLER: Taschenbuch der Elektrotechnik, Bd. 2, Abschn. 4: Korrelationsanalyse. Verlag Technik Berlin 1977.

FSC
www.fsc.org
MIX
Papier | Fördert
gute Waldnutzung
FSC® C083411

Kolibri 360 GmbH
Ferdinand-Jühlke-Straße 7
99095 Erfurt, Deutschland
produktsicherheit@kolibri360.de